MÉMOIRE

SUR

LA MATIÈRE SUCRÉE

DE LA POMME.

SE TROUVE:

CHEZ DELAUNAY, Libraire, Palais du Tribunat, galeries de bois, N° 243;

Mme Ve NYON, Libraire, rue du Jardinet, N° 1.

MÉMOIRE

SUR

LA MATIÈRE SUCRÉE DE LA POMME,

Et sur ses appropriations aux divers besoins de l'Economie.

PAR A.-ALEXIS CADET-DE-VAUX,

De l'Académie Impériale des Curieux de la Nature, de l'Académie Royale des Sciences de Madrid, Correspondant de celle de Munich, membre de diverses Académies et Sociétés savantes et agricoles de France.

Combien de choses que nous voyons et que nous n'apercevons point !
MONTAIGNE.

A PARIS,
CHEZ D. COLAS, IMPRIMEUR-LIBRAIRE,
Rue du Vieux-Colombier, N° 26, faub. St.-Germain.

1808.

A

L'ACADÉMIE ROYALE

DES SCIENCES

DE MUNICH,

ANT.-ALEXIS CADET-DE-VAUX,

SON CORRESPONDANT,

L'ÉCONOMIE, honorée dans le nord de l'Europe, et principalement en Allemagne, occupant au sein de l'Académie royale des Sciences de Munich, le rang distingué auquel les Sages de l'antiquité l'avaient élevée, comme fondatrice et conservatrice des Empires, j'ai cru que l'Académie daignerait agréer pour premier hommage de ma reconnaissance, ce Mémoire sur la matière sucrée de la pomme, et sur son appropriation aux divers besoins de l'économie domestique. C'est d'ailleurs une dette que j'acquitte avec la Bavière : son Monarque auguste et chéri, a daigné m'honorer de ses dons, ainsi que des témoignages particuliers de sa bienveillance, en voyant adopter dans ses États, divers procédés que j'ai offerts à l'économie et à l'humanité, auxquelles je consacre ma vie.

MÉMOIRE

SUR

LA MATIÈRE SUCRÉE DE LA POMME.

MATIÈRE SUCRÉE DES FRUITS.

L'ANNÉE actuelle, en raison de l'abondance des fruits qu'elle promet, abondance assez communément l'effet des commotions du globe et des révolutions de l'atmosphère, qui amènent des printems tardifs ; l'année actuelle, dis-je, paraît devoir réaliser le vœu des amis de l'économie qui, lorsque la liberté des mers permettait à l'Europe de tirer de ses possessions coloniales, le sucre nécessaire à sa consommation, sollicitaient cependant la substitution des matières sucrées indigènes, au sucre de la canne. Combien les événemens ne justifient-ils pas cette prophétique sollicitude, maintenant que ce sont des colonies étrangères ou ennemies qui fournissent à cette même Europe le sucre, dont le prix va toujours croissant !

Plus indépendante autrefois, elle ne connaissait que le miel ; mais on a négligé la culture des abeilles : d'ailleurs la sensualité refuserait aujourd'hui cette matière sucrée ; et convenons qu'en effet tous les miels, même les meilleurs, ont une odeur et une saveur particulières, qui s'allient mal avec l'habitude de nos goûts et le luxe de nos tables.

Ne pouvant plus revenir à l'usage du miel, cherchons donc une matière sucrée qui lui soit préférable, en raison de sa similitude avec le sucre ; en sorte que le sacrifice de l'habitude, et c'en est un bien léger, soit le seul que cette substitution coûte à l'économie. L'intérêt, ce mobile puissant, la nécessité devenue impérieuse, enfin ce despotisme que l'Anglais usurpe sur les mers, et dont le Continent doit et veut s'affranchir; ces motifs réunis, vont opérer ce que n'a pu ni l'esprit public, ni la sage prévoyance de la politique, ni la sollicitude de l'économie, science à laquelle il était réservé de faire cette brillante conquête sur l'ennemi commun de l'Europe. *Oui : l'Europe peut obtenir des végétaux doux et sucrés qu'elle cultive, la totalité de la matière sucrée nécessaire à sa consommation; les procédés pour l'obtenir, rentrant par leur extrême simplicité dans le cercle étroit des opérations usuelles de l'économie du ménage.*

Ne passons point en revue les substances végétales plus ou moins riches en matière sucrée. On ne l'extraira pas de l'Erable, de la Betterave, etc., si des fruits doux et sucrés, généralement cultivés, le raisin, les pommes, peuvent la procurer en abondance, et par des manutentions de la plus grande facilité, sur-tout avec l'avantage d'une immense économie.

On signale, à juste titre, le raisin, comme étant, après la canne, le fruit le plus riche en principe sucré; et en effet, ainsi que de la canne, on en obtient du *sucre cristallisable;* en sorte que dans les contrées vinicoles de l'Europe, l'économie jouira de ce double produit, le *sirop* et le *sucre cristallisé* que donne, dans des proportions presqu'égales à la canne, le moût du raisin.

Déjà le docteur *Proust*, chimiste français, qui a beaucoup fait pour la science, et beaucoup plus encore pour le perfectionnement que les arts reçoivent de la chimie, avait fixé le procédé pour l'obtention du sucre cristallisé de raisin.

De son côté, M. *Bosc*, qui s'occupe de la classification des nombreuses espèces de vignes qu'on cultive en France, indiquera, comme faisant partie de son travail, celles dont le raisin abonde le plus en matière sucrée.

Ce n'est pas que, dès long-tems, les chimistes n'eussent reconnu l'existence du sucre dans le raisin : il y a plus, le sucre tout granulé dans les raisins secs, dont il soulève et déchire même la pellicule, a frappé les yeux de tout le monde; mais ce qu'on observe le moins, c'est ce qu'on voit le plus habituellement; c'est ce dont nos sens ont été constamment frappés dès notre tendre jeunesse. Il était réservé au docteur *Proust*, d'observer, de comparer, de juger et de procéder; car telle est la marche des sciences naturelles, et ce qui constitue les découvertes, c'est *le faire*. Voir le Soleil, ce n'est pas mesurer l'espace de cet astre.

J'avais adopté, dans mon économie domestique, le procédé connu de tout tems en Normandie, ainsi qu'en Allemagne, qui consiste à concentrer le cidre doux, pour en faire de la pommée, comme on concentre du vin doux pour en faire du raisiné ; en ajoutant à l'un et à l'autre de ces moûts épaissis, divers fruits ; ce qui en fait des confitures très-communes, et plus spécialement destinées à l'enfance.

Mais, me bornant à réduire par une évaporation brusque, le moût de pomme en un sirop très-consistant, je l'employais seulement à édulcorer des compotes d'hiver, de pommes, de poires, de pruneaux ; et je ne l'ai signalé que sous ce rapport. Jamais je n'aurais tenté de le substituer au sucre, et de l'approprier aux mêmes usages, sans la circonstance actuelle de la rareté de cette denrée, et sans l'appel que le Ministre de l'Intérieur a fait aux chimistes, de se livrer à ce genre de recherches. Les expériences qui font l'objet de ce Mémoire, et qu'on est forcé d'accueillir aujourd'hui, car tout a son moment ; ces expériences, dis-je, à une époque plus éloignée de nous, n'auraient été considérées que comme un rêve de la science économique.

Combien de choses nous voyons, et que nous n'apercevons point! Cette réflexion si philosophique est strictement applicable aux matières sucrées dont il s'agit. En effet, la France submergée de vin, depuis plusieurs années de suite, et la Normandie, l'Allemagne qui le sont si souvent de cidre, n'ont pas obtenu de ces produits abondans, l'économie d'un quintal de sucre, malgré son excessive cherté. Mais enfin, l'esprit public, la nécessité et la sollicitude du gouvernement, opéreront aujourd'hui cette révolution, qu'on peut considérer en même tems comme politique. C'est ainsi qu'après avoir recherché dans des végétaux exotiques des vertus particulières, on est tout étonné de les trouver dans des végétaux indigènes qu'on avait dédaigné d'interroger sur ces mêmes vertus : l'écorce du marronnier supplée le quinquina, d'après les expériences suivies dont l'humanité sera redevable au médecin en chef de l'hospice Beaujeon.

Si l'Europe vinicole est assurée de trouver dans le suc du raisin, la matière sucrée propre à remplacer le sucre, la partie beaucoup plus étendue de l'Europe où la vigne ne croît pas, ne sera point privée de la ressource d'une matière sucrée qui puisse également satisfaire à ses besoins ; elle la trouvera spécialement dans le suc de la pomme.

LE SUC DE POMME,

Sa conversion en sirop et ses divers emplois.

La meilleure des instructions, est le résultat d'expériences faites avec soin; telles sont celles auxquelles je me suis livré sur le suc de la pomme, sa conversion en sirop et l'appropriation de ce sirop à tout ce qui, dans l'économie du ménage, demande l'emploi du sucre (1).

L'économie domestique ne consentant pas volontiers à se laisser distraire d'un utile procédé par des détails scientifiques, je supprime l'analyse d'ailleurs connue de la pomme, et tout ce qui a l'air de la science, pour ne m'occuper

(1) Les observations que j'ai crues utiles, sont renvoyées en notes au bas des pages, pour ne pas interrompre la marche du procédé par des digressions qui, d'ailleurs, deviennent indifférentes pour les ménagères.

que d'une instruction claire et précise qui, réduisant nos procédés à la plus grande simplicité, mette la mère de famille et nos simples ménagères, dans le cas de les exécuter.

Espèce de la pomme employée à l'expérience.

TOUTE espèce de pomme dont, avec le tems, le suc devient doux et sucré, paraît devoir être également propre à en obtenir un sirop (2).

---

(2) Ce caractère de doux et sucré, est le résultat d'une parfaite maturité ; mais il importe d'observer qu'il y a deux sortes de maturité, celle de la nature et celle du tems.

La maturité de la nature laisse tomber de l'arbre les fruits, si on ne les cueille ; toutefois beaucoup de fruits, les pommes, les poires d'hiver, ainsi mûres pour la nature, conservent une âpreté excessive que la maturité du tems seul convertira en suc doux et sucré.

Cette observation est applicable au suc de pommes, de même qu'au suc de raisin. La matière sucrée qu'ils contiennent n'a pas, au moment de la récolte, acquis ce perfectionnement auquel le tems doit la porter. Cette maturité secondaire dans la pomme, est l'effet du

La pomme employée à l'expérience, est celle qui, dans la vallée de Montmorency, est connue sous le nom de *Jean-Huré* (3).

Cet arbre donne tous les ans, et, de deux années l'une il charge beaucoup.

Sa floraison tardive le dérobe aux ge-

---

soleil, des rosées, des brouillards, des gelées, dont les alternatives sont si fréquentes dans la saison d'automne. C'est ainsi que la matière de la lumière, de la chaleur et de l'humidité, excitant dans les fruits un mouvement, une sorte de fermentation, le tems devient le plus actif des maturateurs.

(3) *Jean-Huré*, est le nom d'un cultivateur de Franconville-la-Garenne, qui, le premier, obtint cette pomme d'un franc non greffé. Le semis est le seul moyen de multiplier les espèces, et celle-ci est précieuse. J'ai fait connaitre la pomme de Jean-Huré, et une espèce encore plus tardive qui ne fleurit qu'à la fin de Mai, en envoyant de leurs greffes dans les départemens septentrionaux, et en engageant plusieurs pépiniéristes à les oultiver. Mais avec combien plus de rapidité se propagent les arbres de luxe ! Cependant c'est en faisant connaitre et en répandant ainsi les productions utiles d'un canton dans les diverses contrées d'un pays, qu'une nation multiplie ses richesses et accroît ses jouissances.

lées printanières, mais sur-tout à la dévastation des insectes.

Cette pomme se conserve pendant l'année entière et attend au fruitier la pomme nouvelle. Bonne à cuire, elle est, au défaut de pommes à couteau, bonne à manger. Elle fait d'excellent cidre (4).

DU SUC OU MOUT DE POMME.

Le 6 Mai on a broyé et exprimé, sans addition d'eau (5), les pommes qui, cueillies, mises en tas sur un lit de paille et en plein air, avaient joui des influences météoriques de l'automne. Rentrées à la fin de Novembre, elles ont été conser-

---

(4) Voyez le *Journal d'Economie rurale et domestique*, ou *Bibliothèque des Propriétaires ruraux*, n° 22. (2me année de la collection.)

(5) L'eau ajoutée sur le marc a donné un petit cidre, d'autant meilleur que le suc de la pomme était, à cette époque, plus sucré et plus consistant.

vées dans une cave, à l'abri de l'humidité et des gelées.

Au moment d'en extraire le suc, on a séparé les pommes gâtées : elles altèrent le goût du moût et foncent sa couleur.

Le suc a coulé légérement ambré. Le suc des mêmes pommes exprimé en automne, pour la confection du cidre, était incolore.

Sa saveur est celle d'un sirop de sucre, plus agréable que ne l'est un sirop de cassonade, et plus sapide que ne l'est un sirop de sucre raffiné.

Cette sapidité est due à l'acide de la pomme ; acide assez enchaîné cependant pour ne pas manifester la propriété qu'ont les acides de coaguler le lait.

Le moût est franc de goût et d'odeur ; il participe peu de l'arôme de la pomme, qui réside principalement dans sa peau.

DU SIROP DE POMME.

Je vais passer à la préparation du sirop de pomme, qui consiste dans la simple évaporation de son suc ou moût.

Le moût de pomme donnait, au pèse-liqueur, 8 degrés.

Il a été évaporé dans des vaisseaux de cuivre étamé (6), très-évasés et ayant peu de profondeur; car l'évaporation des liquides n'ayant lieu qu'à la surface, la chaleur ne fait que fatiguer le surplus de la masse.

Le degré de chaleur doit être constamment inférieur à celui de l'eau bouillante (7).

(6) On ne doit pas employer de vaisseau de fonte à cette évaporation, car le sirop prendrait le goût de fer en raison de l'affinité qui existe entre ce métal et l'acide de la pomme, qui se dégagerait de son état de combinaison pour opérer la dissolution du fer.

(7) Il y a peu de substances végétales et même animales qui puissent soutenir une ébullition continue sans

Le moût évaporé de moitié, a donné 16 degrés. Dans cet état il est sirop (8).

Voici une observation qu'il importe de faire.

Le suc de pomme veut être préparé le jour même de son expression. Abandonné à lui-même, il s'excite au mouvement de fermentation, il se trouble, et on ne parvient pas à le clarifier, même avec le blanc-d'œufs. Il est trop épais pour passer à travers la chausse ; enfin il est déjà altéré d'une manière sensible. Nous

---

que leur composition ne s'en altère, et dès-lors sans que leurs principes constituans ne se désunissent ; ce qui dénature en partie ces substances. On obtient deux bouillons très-dissemblables d'une même viande, d'après la manière de *conduire le pot-au-feu*. Je reviendrai sur cet objet dans les *observations*, pour faire de ce principe une application très-utile à l'économie domestique.

(8) L'espèce du plant, le sol, l'exposition, la constitution de l'année, sont autant de circonstances qui influent sur la qualité des fruits ; et l'année dernière l'intempérie de la saison a nui à leur bonne qualité. Dans d'autres années le moût pourra donner 9 ou 10 degrés ; mais la défaveur des circonstances devient une preuve de plus en faveur d'une expérience.

reviendrons sur cet objet à l'article *Observations*.

Le sirop de pomme est aussi agréable au goût que l'est le moût récemment exprimé (9).

Dans cet état d'une faible concentration, c'est-à-dire, de quatre pintes réduites à deux, ce moût est éminemment sucré et on peut l'employer à des ratafias, etc.; mais il ne serait pas susceptible de se conserver, et à cet effet il

(9) Depuis long-tems, en Allemagne, le moût de pomme est employé comme matière sucrée; mais ce moût, on l'évapore en consistance de mélasse, dont cette *pommée* a la couleur, l'odeur et l'âcreté; on y ajoute ordinairement de la carotte, quelquefois des pommes; c'est la nourriture de la jeunesse; elle entre dans la soupe de bière; mais nous autres Français nous n'avons pas des goûts aussi faciles à satisfaire. Il y a en Allemagne des fabricans de cette pommée; le particulier leur porte sa pomme et on lui rend une proportion donnée de pommée. Les marchands en débitent, et le prix de la livre, qui était de 3 à 4 sous, s'est élevé à 6; tandis que la belle et excellente gelée que nous allons préparer et qui peut paraitre sur la table du riche, ne revient qu'à ce prix là.

faut qu'il soit rapproché par l'évaporation. Rapprochement qui dépend du plus ou moins de qualité du suc de la pomme (10).

USAGES DU SIROP DE POMME.

MAINTENANT passons en revue les diverses appropriations du sirop de pomme, aux besoins que nous a créés la longue habitude du sucre et aux jouissances qu'il procure à la famille.

De la Gelée de Pomme.

ON a vu que le moût évaporé de moitié donnait le sirop.

---

(10) Ce sirop à 16 degrés, est beaucoup plus sucré que ne le serait un sirop de sucre au même degré. Phénomène auquel nous donnerons plus de développement.

En Novembre, on n'aurait pas obtenu de cette même pomme un produit aussi riche en matière sucrée ; car alors la maturité était moins complète. Aussi en automne, quinze mesures (bachoues à vendange) ont suffi par pièce de moût ; et en Mai, pour obtenir une même pièce, il a fallu dix-sept de ces mesures.

Ce moût évaporé des trois quarts donne une belle et excellente gelée de pomme, aussi sucrée qu'elle doit l'être, et à cet égard préférable à nos gelées de Rouen, dans lesquelles un excès de sucre masque la saveur du fruit qu'il faut relever par celle de citron. Ainsi pour obtenir une livre de gelée de pommes, deux pintes ou quatre livres de sirop ont suffi.

De la Pâte de Pomme.

Le moût un peu plus concentré, ou, dans cet état de gelée, exposé à la douce chaleur d'une étuve, donne une pâte de pomme aussi agréable que celle du commerce à laquelle on a ajouté du sucre.

DES PRIX DU MOUT,

DU SIROP DE POMME ET DE SA GELÉE.

MAINTENANT établissons la valeur intrinsèque du moût de pomme, de son sirop et de sa gelée.

Nous établirons ensuite la différence de prix qui résulte de l'emploi de ce sirop et de celui du sucre pour la préparation des objets divers auxquels nous l'approprions.

Prix du moût de pomme.

QUAND la pomme donne, c'est communément avec abondance ; alors la pièce de cidre de deux cent quarante pintes, ne coûte que de 10 à 12 fr., ce qui établit le cidre à 1 sou la pinte. Nous supposons qu'il entre dans le cidre un tiers d'eau, cela reporte à 15 fr. le moût pur des pommes. Je ne défalque pas les frais de sa conversion en cidre,

Voilà donc du moût vierge de pomme à 15 fr. la pièce de deux cent quarante pintes, ce qui fait 1 sou 3 deniers la pinte.

Prix du sirop de pomme.

UNE pinte de sirop étant le produit de deux ou trois pintes de moût (11), et le prix du combustible pour l'évaporation étant de 6 deniers au plus (12), la pinte de sirop ne coûte, valeur intrinsèque, que quatre sous; conséquemment la livre est de deux sous (13). Fixez-la à trois

---

(11) Je dis deux ou trois pintes, parce que la quantité de sirop dépend de la richesse du moût, et nous avons assigné les causes de variations de cette même richesse.

Il en est de même du vin qui rend du quart au huitième d'eau-de-vie, selon l'exposition, le sol, la température, et le plus ou moins de maturité du raisin, enfin selon la nature de son cépage.

(12) Celui qui n'a pas de *fourneau-économique*, ne peut plus calculer sa dépense en combustible. Un fourneau-économique est mal construit s'il ne réduit pas des sept-huitièmes la dépense du bois.

(13) La pinte d'eau ne pèse que deux livres; mais la pinte de sirop en pèse à peu près deux et demie.

sous : on est généreux quand on est riche ; et on est riche quand on est économe.

Prix de la gelée de pomme.

Deux pintes de moût (ou quatre livres) évaporées des trois quarts donnent une livre de gelée : l'évaporation étant un peu plus prolongée, exige un peu plus de combustible ; mettons donc la livre de cette gelée, valeur intrinsèque, de 4 à 5 sous, tandis que la gelée de pommes de Rouen, moins colorée, mais moins sapide et moins agréable au goût, coûte, dans le moment actuel, 4 fr. ; elle ne peut que renchérir, tandis que la nôtre n'a rien qui dérange son prix, vu l'abondance de la pomme (14).

(14) Que les confiseurs de Rouen et de tout pays, *préparant pour la première fois des confitures sans sucre*, s'adonnent à ce commerce, et le prix de cette gelée de pomme, accru du bénéfice industriel et commercial, sera à peu près égal au prix de mauvaise mélasse dont on va manquer en manquant de sucre.

Prix de la pâte de pomme.

La conversion de la gelée de pomme en pâte, consiste en un peu plus de cuisson ou dans son séjour à l'étuve, ce qui peut élever le prix de la livre de la pâte de 6 à 8 sous, et elle coûte 5 francs.

CONSIDÉRATIONS

SUR LES DIFFÉRENS FRUITS SUCRÉS

COMPARÉS A LA POMME.

Le raisin étant, après la canne à sucre, le fruit dont on obtient la plus grande abondance de matière sucrée dans ses deux états, cristallisable et non-cristallisable (1), il doit occuper le premier rang ; j'assigne le second à la pomme. Dans les contrées non vinicoles de l'Europe, où nulle autre matière sucrée ne peut entrer en comparaison avec celle de la pomme, elle régnera seule.

Ce n'est donc pas pour déprécier les

(1) Le moût de pommes contient la matière sucrée cristallisable, mais en très-petite quantité, un dixième seulement ; et elle y est tellement embarrassée dans la matière sucrée non cristallisable, qu'on ne peut l'en extraire que par des procédés chimiques.

avantages du raisin que je vais présenter ceux de la pomme; mais bien pour ne pas exciter de regrets à celui qui ne peut obtenir de son sol que cette seconde matière sucrée.

Culture de la Vigne comparée à celle du Pommier.

Pour mieux apprécier les avantages qui appartiennent à la pomme, considérons la culture comparée de la vigne et du pommier.

La vigne exige la culture la plus soignée; celle du pommier ne demande aucun soin; au moins lui en accorde-t-on bien peu, à en juger par l'herbe qui croît à son pied, lorsque la vigne exige de si fréquens labours; par le bois mort qui surcharge ses branches, lorsque la vigne est si rigoureusement taillée, épluchée, et ébourgeonnée; enfin par la quantité de chenilles auxquelles on l'abondonne. Cependant ces pommeraies qui bordent les grands héritages suffisent quelquefois pour payer la rente du tenancier, tandis que la vigne ruine si souvent le vigneron!

Quel contraste présente cet abandon de la pommeraie avec la culture de la vigne, dont deux arpens exigent tout le tems d'un vigneron! Le sol double de valeur quand il est couvert en vigne; car l'arpent du prix de mille francs en vaut deux mille, planté et échalassé.

Si le fonds du vignoble est doublé de prix, si sa culture est la plus dispendieuse de toutes, combien sa récolte n'ajoute-t-elle pas aux frais, et combien sur-tout n'est-elle pas hazardeuse! La récolte de la pomme entraîne peu de dépense; elle a lieu lorsque toutes les autres sont faites et rentrées; le tems ne commande pas; on peut la différer; mais le raisin mûr, il faut le cueillir, excepté dans le Midi où on peut le laisser sur son ceps: une fois cueilli, il faut promptement évaporer son moût, tandis que la pomme peut attendre.

Comparaison des procédés.

En économie domestique on passe sur les difficultés des choses, parce qu'on opère sur de petites quantités. Le propriétaire, même le citadin, pourront, sans trop d'obstacle, broyer et extraire le suc d'une sachée de pommes, ou exprimer et presser cent livres de raisin, et quelques jours après cent autres, pour les réduire successivement en sirop : à deux ou trois reprises ils se seront procuré leur provision. L'opération ne sera pas plus embarrassante que ne l'est la confection des confitures, du ratifia ou des herbes cuites ; ce sera également chose du ménage.

Mais il n'en est pas ainsi en grande manufacture, et si on ne parvient pas à conserver le moût du raisin comme vin muet, en le soutirant très-fréquemment, ou en soufrant les tonneaux pour gagner du tems, et pouvoir ne le convertir en sirop qu'à fur et mesure, l'opération éprouvera beaucoup de difficultés.

Quel encombrement fait le raisin qui doit attendre? Dans les tems humides et froids, sur-tout s'il a été recueilli par la pluie, il passe promptement à la pourriture. Or, rien n'ajoute au prix comme une manutention forcée.

Si le tems est aussi favorable que possible à la vendange; si le raisin a acquis toute sa maturité, il ne peut pas attendre plus de deux ou trois jours, son suc déchire sa pellicule, et c'est le moût vierge qui s'écoule.

Conserver dans des endroits élevés et étendre sur des claies le raisin qui, selon les années, se conserve souvent si mal, est un procédé peu sûr. Quel immense atelier pour une opération qui doit se terminer en moins d'un mois, et combien cette dépense première renchérit le produit!

Tout a ses difficultés; mais la pomme en offre le moins possible.

La pomme cueillie peut attendre sept, huit mois pour sa conversion en sirop. Les produits qu'on en obtient, lorsque le tems a complété sa maturité, sont beaucoup supérieurs; et alors leur préparation occupe tout le tems de la saison morte.

Le raisin, il est vrai, donne le sucre cristallisable qu'on ne peut obtenir de la pomme, et dans les années d'abondance le vigneron sera très-intéressé à convertir sa récolte en sirop ou en sucre, plutôt que d'en faire du vin qui se vendra au plus vil prix, ou qui même demeurera invendu, et le ruinera, tandis que la vente de ces nouveaux produits l'enrichira.

Les années d'abondance sont rares, on n'en compte ordinairement qu'une sur cinq; c'est un grand phénomène que cinq années d'abondance, et vraisemblablement une sixième se soient ainsi succédées. Dans les années défavorables à la vigne, quand la pinte de vin pourra s'élever au prix de 6 à 8 sous seulement; quand le vin, susceptible de se garder, pourra favoriser des spéculations pour des années moins abondantes, l'intérêt alors donnera la préférence au vin, et on n'aura plus à compter sur le sirop de raisin.

Il n'en est pas du pommier comme de la vigne; son produit est généralement plus assuré; quand il donne, c'est communément avec une excessive abondance. La pomme tombée sous l'arbre y reste; elle est au premier venu. On ne spécule pas sur le cidre, qui se garde difficilement. Tout cidre bien fait se ressemble, et il n'y a pas cette grande différence que le cépage et le sol mettent dans la qualité des vins.

Voilà les motifs qui rassurent sur la conversion du moût de pomme en sirop, et sur son bas prix. Quoiqu'entre ces deux substances, le sirop de raisin et de pomme, égales sous tant de rapports, le choix demeure libre; là où croissent indistinctement la vigne et le pommier, cependant c'est le sirop de pomme qu'on préparera dans son économie domestique, en abandonnant au spéculateur le sucre de raisin.

Dans les contrées septentrionales, où il n'y a pas de choix à faire, on sera trop heureux de trouver dans la pomme une ressource telle qu'on n'aura point à regretter le raisin.

On a déjà dit que la récolte du raisin, excepté dans les pays méridionaux, ne peut se différer, que son suc exprimé ne peut pas attendre, à moins qu'on ne rende le *vin muet ;* mais de plus, il faut désacidifier le suc du raisin avec de la charrée (la cendre lessivée) ou de la craie, le filtrer, tandis que le suc de la pomme broyée, exprimé, se met sur le champ en évaporation. Ainsi donc, il n'y a nulle comparaison pour la simplicité de la manutention; et en dernier résultat la pomme présente nombre d'avantages que n'offre point le raisin; et, nous le répétons, la préférence sera souvent accordée à la pomme sur le raisin dans les contrées même où croissent l'un et l'autre. C'est l'économie qui fait ainsi pencher la balance en faveur de la pomme.

La seule objection valable est celle de la liquidité du sirop de pomme ; mais le vin, l'eau-de-vie, l'huile, sont aussi des fluides qui se transportent dans cet état ; et de cent livres de sucre, quatre-vingt-douze ne se réduisent-elles pas en sirop dans les préparations du confiseur et de l'office ?

Mais le sirop de pomme ne diffère-t-il pas de celui du sucre ? A cette objection je réponds que non-seulement il n'existe pas de similitude parfaite entre deux substances différentes, mais que la même substance admet des modifications très-prononcées : sol, disposition, climat, sont autant de causes de dissemblance. Non-seulement le sucre de la canne diffère d'après ces causes diverses ; mais la matière sucrée de la même canne ne se présente-t-elle pas de la manière la plus diversifiée dans les états de vezou, de moscouade, de cassonade, de candi, de caramel et de sucre raffiné (1).

Le thé à l'eau, ainsi que le café qu'on prend exclusivement avec le sucre, on ne les prendrait pas avec de la cassonade; tandis qu'un sirop de cassonade s'emploie à l'égal d'un sirop de sucre dans nombre de préparations, parce que la différence disparaît dans des liqueurs, des compotes, etc., dont les saveurs et les odeurs masquent cette légère nuance qui appartient à telle ou telle matière sucrée, et que, de plus, on préfère au sirop de sucre raffiné un sirop de belle cassonade pour les liqueurs plus ou moins colorées, la fleur d'orange, le noyau, parce qu'il leur donne plus de moëlleux.

---

(1) La canne à sucre admet elle-même deux variétés, et les sucres qu'elle donne ne sont pas les mêmes aux Indes, à Saint-Domingue, en Afrique ou dans l'Amérique méridionale.

MATIÈRE SUCRÉE DE LA POMME.

Quel est donc ce phénomène que présente la matière sucrée de la pomme ? Elle ne contient qu'un dixième de sucre cristallisable ; les neuf autres dixièmes sont de la matière sucrée incristallisable, et cependant elle sucre plus que le sucre même : il faut une demi-once de sucre pour un bol de lait de douze onces que sucrent deux cuillerées à café de sirop.

Examinons par analogie ce phénomène, dont la chimie ne peut pas donner l'explication.

La réglisse verte et sèche est éminemment sucrée, et le suc de cette racine évaporé en consistance d'extrait (le suc de réglisse), l'est très-peu.

Les tiges du maïs, les racines du roseau sont fades, on en obtient à peine de la matière sucrée par la concentration de leur suc. Il en est ainsi du melon, si sucré ; la figue, qui l'est éminemment, donne une mauvaise manne.

Le miel enfin contient à peine du sucre cristallisable, et celui qu'on en obtient est peu sucré, et cependant la sucraison du miel, due à la matière sucrée non cristallisable, va jusqu'à la fadeur.

Le sucre de lait cristallisé, d'un blanc d'albâtre, n'est pas du sucre ; il offre au goût la proportion d'un dixième de sucre qu'on aurait mêlé avec neuf-dixièmes de blanc d'Espagne.

Enfin le sucre de bette-rave, celui même de raisin, ne sont pas parfaitement identiques avec le sucre de canne. Et comment le seraient-ils, lorsque le sucre de canne diffère autant de lui-même dans ses divers états ? Tout vin n'est pas vin de Chypre ou de Syracuse ; on en boit de cinquante qualités différentes : ne soyons pas plus exclusifs pour la matière sucrée.

Combien d'autres phénomènes présentent les matières sucrées, et avec quelle différence elles se comportent entre elles ! Mais qu'importent ces différences, lorsqu'elles remplissent cet objet principal, *de sucrer ;* car en dernière analyse, c'est-là ce qu'on veut en obtenir.

Le sucre admet, pour sa clarification, le sang de bœuf, la chaux ; il subit un degré de chaleur très-supérieur à l'eau bouillante, et sort blanc et cristallisé de ces laborieuses épreuves ; il se caramèle et ne fait que changer de saveur sans perdre de sa qualité sucrante.

Tandis que le moût de pomme refuse de se clarifier avec le blanc d'œuf qui ne s'y coagule même pas.

Ce suc est acide, et veuillez-y passer des atômes de terre calcaire pour le désacidifier, il change de couleur, de saveur ; il perd sa consistance, il n'est presque plus sirop ; il a perdu les trois quarts de sa propriété sucrante.

Comme le vezou, le moût de pomme,

à peine exprimé, doit être soumis à l'évaporation.

Que de choses à désirer sur la matière sucrée ! On sait que l'acide est un de ses principes constituans ; mais quelle est sa combinaison avec les autres principes dont se composent les moûts, pour passer plus rapidement à l'état sucré, pour changer l'austérité des fruits en sucs doux, tels la pomme, la poire, le coing, la nèfle ; pour convertir l'amertume insupportable de ce melon du côté de sa tige, si sucré dans le reste de sa périsphérie ; amertume qui va disparaître par un jour de maturité de plus ?

La matière sucrée est une manière d'être qu'un moment compose et qu'un moment décompose ; un jour de chaleur fait la maturité. Une tasse d'eau bouillante versée sur un fruit, le mûrit à l'instant : cette chaleur brusque et interne combine l'acide, et le fruit est sucré.

Dans les substances farineuses, telles que le froment, l'orge, la germination, c'est-à-dire, un peu d'eau, d'air, de chaleur, y développent la matière sucrée et font un véritable sirop de ces grains infusés dans l'eau et concentrés par l'évaporation.

Si nous voyons se former si rapidement la matière sucrée, voyons-la disparaître avec autant de rapidité : le vezou veut être soumis à l'évaporation dans les vingt-quatre heures, ou il faut l'abandonner.

La fermentation décompose en aussi peu de tems la matière sucrée des moûts de raisin, de pomme, de poire, d'orge, de miel, enfin tous les sucs doux et sucrés, pour convertir cette matière en eau-de-vie. Mais la matière sucrée ne se détruit-elle pas même par la cause qui la produit? C'est la chaleur qui la forme dans les fruits, et c'est l'excès de chaleur qui la détruit. Le raffinage du sucre en détruit une partie, et la totalité du sucre passerait en mélasse par la répétition des cuites. Le suc du raisin est sucré, il donne de moitié au tiers d'un sirop éminemment sucrant, si ce suc est évaporé avec soin : mais faites-le bouillir à gros bouillon dans des chauderons ayant peu d'évasement; que, sur la fin de l'évaporation, l'excès de chaleur soulève, du fond du vase, des flaches qui retombent au dehors, alors vous avez détruit les neuf-dixièmes de la matière sucrée, et vous n'avez plus qu'un raisiné âpre et acidule ; raisiné très-âcre et très-plat si vous en avez désacidifié le moût. Ce n'est pas ainsi que la nature confectionne la matière sucrée dans les fruits; elle s'aide d'une douce chaleur, d'un léger mouvement intestin et du tems.

Il en est ainsi de l'évaporation brusque de la pomme, et les vingt livres de pareil raisiné et de pareille pomme si peu sucrés auraient donné de soixante à quatre-vingt livres d'excellent sirop, si on eût procédé ainsi que le comportent ces substances. Mais le miel, faites-le liquéfier, faites-le bouillir ! combien il est changé et combien il a perdu, par ce moyen !

Application.

Ces principes *de la décomposition de la matière sucrée opérée par l'excès du calorique*, appliquons-les à des préparations de *conserves de fruits sans sucre* qui deviendront d'une précieuse ressource, cette année-ci, et sur lesquelles l'économie domestique a grand besoin d'être dirigée. Les confitures se font avant la vendange et sur-tout avant la récolte des pommes; ainsi nous n'aurons point à notre disposition de ces sirops pour faire les marmelades d'abricots, prunes, cerises et poires. Dans le tems du *maximum*, j'indiquai les conserves des fruits sans sucre, et, à cette époque, on eut à s'applaudir de ces préparations; mais ces conserves, avouons-le, étaient acidules et attestaient l'absence du sucre: faisons-en aujourd'hui de véritables confitures *bien sucrées, sans sirop de raisin ni de pomme*, et que ces fruits fassent eux-mêmes les frais de leur matière sucrée;

or, *c'est la manière de faire* qui opèrera cette saccharification, et des cent manières de faire, indiquons la bonne qui est déduite de notre principe *de décomposition de la matière sucrée opérée par l'excès du calorique.*

Citons d'abord un exemple, car c'est la meilleure leçon.

Le pruneau qu'on dessèche assez communément avec très-peu de soins, fait des compotes aigrelettes, qu'on édulcore avec le sucre, et qui pourront être édulcorées également avec le sirop de pomme.

Ces mêmes pruneaux mis dans un four doux, retirés mollets, pulpeux, ont été mis dans des bocaux de verre; on les a légérement foulés et on a versé pardessus de l'eau-de-vie, assez peu pour ne faire que les humecter; rien de plus sucré que ces pruneaux de Reine-Claude, Reine-Claude violette et mirabelle.

On voit donc qu'à l'aide de la simple chaleur d'un four, les principes de la prune se combinent, et que son acide s'enchaîne de manière à opérer la formation d'une plus grande quantité de matière sucrée.

Ce que produit la chaleur du soleil, qui en un jour frappe un fruit de maturité, est également produit par une chaleur modérée et continue ; car le calorique est un, qu'il émane du soleil ou du feu.

Vous visitez le matin votre couche de melons, il n'y en a pas de mûr ; le soleil se lève ; cette matinée est chaude, et à midi vous avez un ou deux melons de frappés, que le jour même on servira sur votre table.

Dans le cas contraire, l'effet sera le même, c'est-à-dire que si la prune ainsi que tout autre fruit est saisi par la chaleur vive et brusque du soleil, de même que par celle du feu, quelques points du cercle de la maturité ont été franchis ; l'harmonie des principes constituans est rompue ; le fruit ramolli est devenu pâteux, il est acidule ; ce n'est plus la matière sucrée, c'en sont les débris.

Maintenant faisons l'application de ces principes et de l'exemple des prunes, qui vient à l'appui, à la préparation de nos conserves de fruits. Soit celle d'abricots.

Conserve d'abricots.

Cueillez l'abricot mûr de la maturité de la nature; donnez-lui celle du tems en le laissant à l'office jusqu'à ce qu'il soit complétement mûr; toutefois ne laissez point dépasser le moment de cette maturité secondaire; le fruit en serait altéré.

Alors mettez vos abricots dans un vaisseau de terre vernissé, à une chaleur douce, si ce n'est pas celle d'un four; l'abricot cuit, retirez-le et le laissez séjourner pendant la nuit dans un office; il se *décuira:* remettez-le au feu pour lui enlever partie de son humidité, et mettez-le de nouveau décuire. Après l'avoir ainsi présenté une troisième et peut-être une quatrième fois au feu, cuisez-le à consistance un peu ſorte, et vous aurez une conserve d'abricots dont l'acidité se sera convertie en matière sucrée, et à laquelle on peut vraiment donner le nom de confitures.

Vous préparerez de même des conserves de la cerise douce, des prunes de mirabelle, de reine-claude d'été et de celle d'automne (reine-claude violette), de poires, de prunes, de coings, enfin de toute espèce de fruits.

Ces confitures seront plus sucrées en consacrant à un cent d'abricots le suc de cent autres que vous y aurez ajouté.

Enfin il reste pour les sucrer davantage encore cet autre moyen : d'attendre l'époque du sirop de raisin ou de pomme, et d'en ajouter aux confitures, qu'on recuirait avec l'un ou l'autre de ces sirops; ce seront alors, pour tous les palais, de véritables confitures au sucre.

Mais j'observe que ces procédés divers d'économie domestique, si on les abandonne à la plupart des serviteurs, ne justifieront pas ce qu'on a droit d'en attendre pour ses jouissances, en les préparant avec soin et intelligence : il n'y a plus communauté d'ordre, de soins et d'intérêts entre les domestiques et les maîtres ; et les serviteurs d'aujourd'hui ne sont plus les enfans adoptifs des familles. C'est donc au petit nombre de femmes qui ne rougissent point des détails de la maison ; qui, s'honorant encore du titre de ménagères, n'ont pas brisé le sceptre de l'économie domestique que les lois des premières sociétés avaient déposé dans leurs mains, c'est à elles à se charger de l'exécution de ces procédés. Du tems d'*Olivier de Serres*, ces détails étaient confiés *à la Demoiselle de la maison*, qui attachait de l'amour-propre à s'en bien acquitter ; *mais d'autres tems, d'autres mœurs !*

APPROPRIATION

DU SIROP DE POMME

AUX DIVERS USAGES DE L'ÉCONOMIE.

Terminons cette instruction par l'appropriation du sirop de pommes aux divers, ou plutôt à tous les usages de l'économie qui exigent l'emploi du sucre.

La matière sucrée de la pomme s'allie parfaitement avec tous les fruits.

Sucré de fruits rouges. — On verse du sirop de pomme sur la groseille, la fraise, la framboise, de même qu'on les saupoudre de sucre : il fait également le sucré d'oranges et poires cassantes à l'eau-de-vie.

Compotes d'été. — Le sirop s'emploie comme sucre pour les compotes de cerises, abricotins, prunes et pêches.

Fruits à l'eau-de-vie. — La substitution du sirop au sucre ne change absolument rien à la préparation des fruits confits à l'eau-de-vie (1).

---

(1) L'économie domestique retrouvera volontiers dans cette note la préparation des cerises à l'eau-de-vie, que j'ai publiée ailleurs : c'est la seule manière de les manger bonnes.

Le procédé pour confire les prunes est très-connu, il n'en est pas de même de celui pour la cerise ; aussi a-t-elle l'inconvénient de n'être qu'une petite éponge bien molle ou bien coriace, imbibée d'eau-de-vie et nageant, le plus souvent, dans un mauvais sirop.

Ne trouvant rien de moins agréable qu'une pareille cerise, voici la manière que j'ai substituée aux manipulations usitées.

Quantités.

Prenez de la cerise commune, six livres.
Cassonade, trois ou quatre livres.
Framboises, une livre.
Eau-de-vie, six pintes.

Arome.

Œillet à ratafia, épluché, six poignées ;
ou Girofles, douze têtes ;
ou Canelle, deux gros ;
ou Vanille, trois gros.
Cerise à confire, quantité suffisante.

Manipulation.

On écrase les six livres de cerise ; on en sépare les

Entremets chauds et froids. — Il n'y a point d'entremets qui ne se sucre très-bien avec le sirop. Omelettes sucrées, épinards, petits pois; tourtes aux fruits; bouillie au lait, de farine, de sémouille, de vermicelle, riz, œufs au lait.

Crêmes de toutes espèces.

Tourtes aux fruits, de franchipane; enfin toutes pâtisseries auxquelles on em-

---

noyaux, on les concasse; on met l'un et l'autre dans une poêle à confiture, avec la cassonade; on fait bouillir un quart-d'heure; on retire et on jette dans cette compote bouillante la framboise qu'on fait plonger avec l'écumoire; on verse le tout dans la cruche où est l'eau-de-vie, avec l'œillet ou l'arome qu'on a choisi de préférence.

On sait qu'il faut piler les aromes sous forme sèche, avec un peu de sucre.

On laisse infuser au soleil jusqu'au moment de la grosse cerise, qui est la dernière de toutes; alors on exprime cette infusion, on la passe à la chausse et on y plonge sa cerise dont on a coupé la queue.

Par ce procédé ce n'est plus dans de l'eau-de-vie pure, mais dans un excellent ratafia que la cerise infuse; elle n'échangera point son eau douce et légèrement sucrée, contre de l'eau-de-vie dont elle n'aura plus que le goût; c'est une cerise en compote dont le jus est une liqueur douce et salutaire, un véritable *ratafia de fruits*.

ploie le sucre : il peut entrer dans la pâte du biscuit, du macaron.

Compotes-conserves. — Ce sont les compotes qu'on prépare dans la saison des fruits pour les conserver, telles sont la cerise, la reine-claude, la mirabelle, la kœtsch, l'abricot, la pêche.

Ces compotes se préparent en donnant aux fruits une demi-cuisson dans le sirop de pomme. Un quarteron de sirop et un poisson d'eau-de-vie par livre de fruits : on verse l'eau-de-vie avec la compote dans la cruche; on agite légérement pour bien mélanger. Il faut subdiviser ces compotes dans des bocaux de verre à large ouverture (bocaux à cornichon ou à olives); on les tient bouchés et dans un endroit sec et frais; on peut ajouter une pincée de poudre de canelle pour aromatiser la compote; ce sera d'excellentes compotes et très-économiques; on y retrouve à peine le goût de l'eau-de-vie.

Confitures. — On fait avec le sirop de

pomme des confitures de cerises, d'abricots, de pêches (2), de prunes, de coings.

Marmelades. — Le moût de pomme fait d'excellente marmelade de toute espèce de fruit (3).

---

(2) On fait cuire séparément son fruit à petit feu, pour lui enlever une portion de son humidité; alors on y ajoute le sirop de pomme, qui a été séparément concentré de quatre pintes de moût à une, et qui, à ce degré, fait gelée. La proportion est de deux livres de gelée par livre de fruits; on cuit le mêlange du fruit et du sirop pendant quelques instans; on guette sa confiture; si elle *se décuit*, et c'est ce qui arrive à celles même faites avec le sucre, alors on leur donne un coup de feu; les confitures d'abricots, de prunes et de pêches, cuites à consistance, se relâchent très-ordinairement, et elles se garderaient peu, si on ne les recuisait pas.

(3) Il faut procéder comme pour les confitures, c'est-à-dire, faire cuire le fruit à petit feu, à l'effet de soustraire la majeure partie de son humidité; après quoi, on les pulpe sur un tamis de crin, et on ajoute alors le sirop pour faire cuire jusqu'à consistance de marmelade. Répétons que moins le fruit bout, que moins le sirop bout, et plus ils sont sucrés, parce que l'ébullition détruit la matière sucrée; il en est de même du pot-au-feu, qui donne un bouillon d'autant moins bon, qu'il a plus bouilli; un pareil bouillon ne donne plus de gelée; elle est détruite. C'est l'exemple des choses connues qui guide sur les choses inconnues.

Gelée. — Le moût fait seul par l'évaporation une belle et la plus excellente gelée de pommes, à laquelle on peut ajouter des zestes de citrons confits, ainsi que dans celle de Rouen.

Sirops. — Le sirop de pommes tient lieu de sucre dans la préparation des sirops domestiques de vinaigre; vinaigre framboisé; de fleurs d'oranges, de capillaire, et il fera la plupart des sirops pharmaceutiques.

Le miel a été de tout tems, en médecine, la seule matière sucrée connue: il y a même nombre de préparations pharmaceutiques où il est exclusivement prescrit; le miel rosat, etc. les hydromels, les oximels, les sirops mercurial, de longue vie, etc.

Le miel pourrait redevenir ce qu'il était, la base des sirops composés, des électuaires, des opiats, etc.

Le sucre d'ailleurs n'est employé en pharmacie que depuis un siècle ou deux.

Mais le miel, production que le sucre nous a fait négliger, étant actuellement rare et conséquemment cher, devient comme substitution au sucre, un fort objet de dépense dans la médecine du pauvre et dans celle des hôpitaux; dès-lors offrons à la médecine, de même que nous l'offrons à l'économie, les sirops de raisin ou de pomme, comme matière sucrée; et cette substitution au sucre et au miel obtiendra l'aveu du médecin à qui la chimie et la matière médicale ne seront pas étrangères. Déjà M. *Parmentier* s'était occupé de la substitution du sirop de raisin au sucre, pour les préparations pharmaceutiques qui en requièrent l'emploi; et son autorité, comme chimiste et comme savant, est d'un grand poids.

Ratafias. — Les ratafias faits par infusion peuvent tous se préparer avec le sirop de pomme; il ajoute même à leur qualité, en leur donnant au mâcher un goût de vieux, le *prêt-à-boire.*

Liqueurs fines. — L'expérience qui va être citée sur la substitution du sirop de pommes au sucre dans la préparation des liqueurs fines, atteste l'identité de saveur dans l'une et l'autre matière sucrée.

Liqueurs chaudes. — Si le thé et le café à l'eau (4) n'admettent pas, sans une altération sensible de la saveur qui leur est propre, la substitution du sirop de pomme au sucre, au moins ce sirop se substitue-t-il au sucre pour la bavaroise

---

(4) Les amateurs de café le prennent sans sucre, et le café bien fait n'en exige pas; sa légère acidité, sa légère amertume deviennent sapidité; mais je conçois qu'il faille beaucoup de sucre pour corriger l'excessive amertume, le goût d'empyreume, et cette astriction qu'a tout café qui bout dans un marc rebouilli. J'ai indiqué dans ma *Dissertation sur le café*, la meilleure manière de le préparer; appareil de porcelaine, eau froide ou chaude, mais non bouillante, et le mijotté au bain-marie; cette manière est en même tems la plus économique, puisque trois mesures suffisent pour six tasses de café excellent; et, dans le moment actuel, l'économie l'emporterait sur la suavité; mais le procédé réunit l'une et l'autre.

au lait, le café au lait et à la crême; et cette appropriation aux boissons que le peuple prend sous le nom de café au lait, devient une ressource précieuse pour cette classe nombreuse qui a fini par contracter l'habitude de ces déjeûners chauds, autrefois de café, et aujourd'hui de chicorée et lait; déjeuners plus nourrissans que les liqueurs spiritueuses, et qui deviendront plus économiques qu'aucun autre déjeûner, lorsqu'un ou deux deniers de ce sirop représenteront trois ou quatre sous de sucre.

Punch. — Le sirop de pomme s'alliant très-bien aux sucs ou fruits acides et aux eaux-de-vie, deviendra également le sucre du punch.

Glaces. — S'alliant aux fruits ainsi qu'au lait et à la crême, ce sirop tiendra lieu, dans les glaces, du sucre, qui en a élevé successivement le prix au double.

Pain d'épices.

N'oublions pas le pain d'épices et ces pâtisseries diverses qu'on vend dans les promenades publiques et dans les foires ; c'est le miel qu'on y emploie quand il est à bas prix ; mais le plus communément c'est la mélasse ; tous deux renchérissent. Quant à la mélasse, elle est sur le point de manquer ; il n'y a donc plus que le sirop de raisin ou de pomme pour soutenir cette branche de commerce, et ne pas priver les enfans de cette jouissance.

Indiquons d'autres emplois de notre sirop qui déposent bien autrement en faveur de son rapprochement, ou plutôt de sa similitude avec le sucre.

Du lait, du café au lait, et du café à la crême.

On a édulcoré avec le sirop de pomme du lait qui venait de bouillir.

On a également édulcoré du café au lait et du café à la crême.

Ces boissons ont été servies à un déjeuner; la substitution n'a pas été sensible pour les personnes qui en étaient prévenues, à combien plus forte raison pour celles qui croyaient bien que le lait et le café n'avaient pu être édulcorés qu'avec le sucre (5).

---

(5) Une précaution qui avait paru nécessaire, fut celle de n'ajouter le sirop qu'en versant le café, dans la crainte que l'acide de la pomme ne fît cailler lait et crême.

Cependant, pour s'assurer si ce n'était pas une précaution superflue, on en a fait un nouveau mélange à froid, et on l'a laissé mijeotter dans un bain-marie, pendant dix minutes, sans la plus légère altération.

Le sirop s'allie mal avec le café à l'eau, ainsi qu'avec le thé; mais un filet de lait ou de crême suffit pour que la disparité cesse. Du reste, c'est le café au lait qui fait la plus forte consommation de sucre, en raison de la quantité de personnes dont il est le déjeûné habituel; ensorte que le sirop de pomme devient pour cette classe de consommateurs une précieuse ressource.

RATAFIAS.

Passons à des préparations qui exigent une grande quantité de sucre; ce sont les ratafias (1).

Ratafia de fruits rouges.

Une infusion dans l'eau-de-vie de cerises, merises, groseilles, framboise et œillets rouges attendait son sucre (7).

---

(1) La cherté du café et du sucre prive tout à-la-fois de café et de liqueurs; c'est trop de privations, quand cette double jouissance est devenue besoin; car, pour beaucoup d'estomacs, le vin, ainsi que l'eau-de-vie, ne remplacent pas les liqueurs dont le sucre fait la base. Il faut des liqueurs au buveur d'eau.

(7) Puisqu'au moyen du sirop de pomme, la pinte de ratafia n'excédera pas le prix de la pinte de vin, indiquons à l'économie domestique la manière de préparer le meilleur ratafia de fruit.

Recette du ratafia de fruit.

Prenez Cerises, douze livres;
Merises, trois livres;
Groseilles, quatre livres;
Framboises, deux livres;

On a mêlé quatre pintes de cette infusion et deux pintes de sirop de pom-

---

Œillets à ratafias, épluchés, de quatre à six poignées; au défaut d'œillets, de quinze à vingt cloux de gérofles.

Esprit (eau-de-vie double), de trois à quatre pintes.

Ecrasez à la main les cérises et les mérises; séparez-en les noyaux, concassez-les et les mettez dans l'esprit, auquel vous aurez, quelques jours d'avance, ajouté l'œillet ou le gérofle; égrainez vos groseilles; mettez ces trois fruits dans une poële à confitures, sur un feu vif et clair; faites prendre un bouillon couvert (qui recouvre la surface entière); versez bouillant dans un tamis, sur lequel vous aurez étendu la framboise; (la framboise perdrait au feu son arôme, qu'elle communique de la sorte au sirop qui traverse le lit qu'on en a fait sur le tamis); laissez égoûter, et exprimez-le légèrement avec l'écumoire; le suc écoulé et encore chaud, versez-le dans la cruche où sont et l'eau-de-vie et les autres ingrédiens.

On peut, en place d'œillets ou de gérofles, y mettre de la canelle en poudre un gros, ou enfin, et peut-être de préférence, une gousse de vanille coupée menu et pilée avec un morceau de sucre, pour la réduire en poudre.

Ce ratafia est bon à boire dans l'année. Il a le moëlleux, *le vieux* du ratafia de Grenoble; fait de toute autre manière, avec les mêmes proportions, ce n'est point le même ratafia. *Il y a cent manières de faire les choses; il n'y en a qu'une de les bien faire.*

me; on a filtré. Ce ratafia ne diffère pas de celui dans lequel on eût fait entrer demi-livre de sucre par pinte, quantité suffisante pour cette espèce de ratafia (8); ensorte que quatre pintes de sirop ont économisé quatre livres de sucre ou de belle cassonade, dont le prix diffère peu.

Ratafia de fleurs d'oranges.

Une infusion de fleurs d'oranges, toute prête à recevoir son sirop, et que laissait oublier la cherté du sucre, mêlée avec partie égale de sirop de pomme, a fait un très-bon ratafia de fleurs d'oranges.

Ratafia de noyaux.

Une infusion de noyaux de pêches dans

---

(8) Demi-livre de sucre suffit par pinte de ratafia de fruit; les liqueurs *demi-huile* en exigent trois quarts de livre, et c'est la livre entière pour les liqueurs plus sucrées auxquelles on donne le nom d'huile; tels que l'huile de Vénus, le Scubac, etc. etc.

de l'eau-de-vie qui datait de trois ans, mêlée à partie égale de sirop de pomme, a fait une excellente liqueur (9).

---

(9) Nous nous trompons involontairement par la complaisance avec laquelle nos sens cèdent à nos préventions. Aussi, me récusant comme juge de la bonté de ces liqueurs, j'en ai soumis la dégustation à des palais exercés; à des liquoristes d'abord; à des chimistes du premier ordre; enfin, il en a été servi sur des tables opulentes, où, présentée comme une excellente huile de noyau, elle a été jugée telle par vingt convives, qui ont ratifié par une seconde dégustation ce jugement, après avoir été mis dans la confidence de la substitution; en sorte que l'opinion est faite, et elle l'était au point d'avoir courageusement résisté au démérite que donne aux choses la modicité de leur prix, car la valeur intrinsèque de ces liqueurs est de 15 à 20 sous la pinte. Il eût manqué l'autorité du tribunal le plus compétent sur la qualité de ces liqueurs; l'autorité de la société épicurienne; on les leur a soumises dans leur séance du 20 Juin. Si la prévention est sottise, on n'avait point à la redouter dans un pareil cercle, et prévenu de la substitution sur laquelle il avait à prononcer, son jugement a été qu'*Epicure* même aurait applaudi à ce moyen qui au mérite de la perpétuité d'une des jouissances de la table, ajoute celui d'autant d'économie: tel a été l'avis de médecins, de chimistes et de gens de bonne compagnie, réunissant au bon goût le bon sens fait pour apprécier les choses utiles.

Liqueur fine.

On distingue les ratafias qui sont communément des infusions, ou de fruits, tels les fruits rouges, le cassis, le brou de noix, etc.; ou de végétaux aromatiques, tels l'anis, les sept graines, l'angélique, les écorces de citron, d'orange, etc.; on les distingue, dis-je, d'avec les liqueurs proprement dites, qui sont des huiles essentielles dissoutes dans de l'esprit-de-vin, ou des substances aromatiques soumises à la distillation avec l'eau-de-vie, et auxquels on ajoute un sirop de sucre.

Voici une de ces liqueurs.

Liqueur de cinnamomum-vanillée.

Prenez une pinte d'esprit de vin, ajoutez-y six gouttes d'huile essentielle de canelle, un gros de sucre de vanille, et trente gouttes d'eau de bouquet, qui est un mélange très-suave d'arômes.

Deux pintes de sirop, à 16 degrés,

ont servi à édulcorer cette liqueur qui a été clarifiée par l'addition d'une demi-tasse de crême douce et ensuite filtrée (10).

Ratafia blanc.

Je donne ce nom aux proportions d'eau-de-vie ou esprit, d'eau et de sucre, auquel nous substituons aujourd'hui le sirop de raisin ou de pomme ; car n'oublions pas que le premier rang doit-être assigné au sirop de raisin.

Ces proportions varient selon le degré de l'eau-de-vie, selon qu'on desire des

(10) Le mêlange d'esprit-de-vin et de sirop, offre à l'œil un magma très-volumineux et qui n'est plus rien sur le filtre. La filtration devient inutile si on opère sur des quantités, et le repos suffit pour éclaircir la liqueur. Le lait que l'esprit-de-vin coagule fait réseau et précipite avec lui ce qui faisait opacité.

L'économie domestique consentira à trouver, dans cet article, un moyen de direction pour la préparatiou de ratafias et de liqueurs que beaucoup de ménagères préparent assez mal, quoique cependant elles mettent beaucoup de prétentions dans leurs recettes.

liqueurs plus ou moins sucrées ; c'est donc au goût à fixer les proportions. Elles seraient pour notre ratafia blanc, fait au sucre,

Eau-de-vie, une pinte ;
Sucre, trois quarterons ;
Eau, un demi-septier.

Ce ratafia blanc prend le nom de toutes les substances que vous y ferez infuser ; fleurs d'oranges, noyaux de pêches ou d'abricots, ou de prunes de mirabelle ; le zeste de citron ou d'oranges, ou de bigarade (car ce n'est pas ces fruits entiers qu'on doit faire infuser. Quelquefois très-sains à l'extérieur ils sont gâtés au centre, et c'est du ratafia perdu), sept-graines, angélique ; enfin canelle, girofle, vanille, etc., etc., et ces trois derniers pulvérisés avec le sucre; car leur division en réduit la quantité des trois quarts.

Voilà douze ou quinze substances aromatiques qui, distribuées dans autant de ratafias blancs, feront douze ou quinze ratafias différens, très-bons, et aux plus bas prix.

Prix des ratafias rouges.

Sur les six pintes de ratafia de fruits rouges, deux pintes de sirop ont remplacé les trois livres de sucre nécessaires à son édulcoration; ensorte qu'une valeur de dix sous économise une dépense de 15 fr.

Prix des liqueurs.

Nous avons préparé une de ces liqueurs avec une pinte d'esprit (eau-de-vie dou-double) de 1 fr., et deux pintes de sirop à 16 degrés l'ont édulcorée (11) 12 sous. Estimons les arômes 6 sous.

(11) On a dit qu'à 16 degrés, ce sirop était éminemment sucré, et plus que ne l'est un sirop de sucre au même degré.

La composition de cette liqueur en est la preuve; car c'est deux livres et un quart de sucre qu'il eût fallu pour sucrer les trois pintes (d'après les proportions du sucre établies pour les liqueurs *demi-huile*.)

Si c'est dans les villes, il faut ajouter les droits d'octroi; mais la valeur intrinsèque de ce ratafia n'excédera pas 15 sous la pinte, lorsque les liqueurs se paient actuellement de cinq à six fr.

Ici nos dix sous de sirop représentent deux livres et un quart de sucre (12).

J'ai présenté, sans chercher à le résoudre, le phénomène des analogies et des différences entre les matières sucrées. Il devait suffire de prouver qu'elle existe

---

(12) Prévenons les réclamations que le commerçant serait en droit de faire en raison de l'avilissement de ces prix. Il n'y a rien à y ajouter pour l'économie domestique, c'est-à-dire, pour le propriétaire dont la préparation de son sirop de pomme ou de raisin, n'exige ni maison, ni commis, ni patente, et dont les revenus sont étrangers à son industrie. C'est d'ailleurs ses fruits dont il fait emploi et dont tout propriétaire tire un si faible parti, tandis que tout est frais pour le fabricant et le commerçant; l'achat des matières, la manutention, la dépense de la famille, à laquelle il faut malheureusement ajouter celle du luxe et les risques du commerce; enfin il y a des bénéfices qui sont le fruit de tout négoce; mais la concurrence aura bientôt réglé ces prix-là.

en abondance dans les fruits, et sur-tout d'indiquer les moyens de l'obtenir douée de toutes ses propriétés ; en sorte que nous puissions abandonner sans regret l'usage du sucre, que nous n'obtiendrions pas de la canne cultivée dans notre Europe, le même que celui de nos colonies.

Quand une matière sucrée est telle qu'on peut en obtenir un excellent sirop, une gelée agréable, des pâtes, des sirops composés, des compotes, des fruits confits à l'eau-de-vie, des liqueurs, qu'on peut en faire des confitures ou des glaces ; quand enfin elle remplace le sucre pour tant d'objets, et qu'au lieu de privation, c'est une immense économie qui en résulte, on finit presque par s'applaudir des circonstances, qui, en forçant de recourir à cette substitution, affranchiront pour toujours la famille d'un tribut onéreux qu'elle payait pour des jouissances que voilà remplacées.

Toute commotion dans le corps social devient un événement fâcheux, et tel est celui qui mettant aujourd'hui l'agiotage à la place du commerce, fait de la balle de café et du tonneau de sucre des effets publics ; mais ayons la sagesse d'apprécier l'heureux résultat de cette commotion ; ce sera de nous déshabituer pour toujours d'une denrée que nous aurons appris à remplacer, denrée que la paix ne ramènerait pas à ses anciens prix ; jamais il n'y aura de sucre à vingt sous la livre, et cette substitution de nos matières sucrées indigènes, est un traité de paix maritime.

Beaucoup de gens nieront cette similitude de la matière sucrée de la pomme avec le sucre ; quelques-uns douteront, et les plus sages exécuteront. Ceux-ci donc profiteront de la quantité de raisin et de pommes, que tout promet, pour faire leur approvisionnement, de plusieurs années même, dans le cas où ces récoltes viendraient à manquer dans les années suivantes. Voilà pour l'économie domestique.

Quant au commerce et à l'industrie, ils peuvent très-utilement spéculer sur cette fabrication, qui exige peu de frais : c'est un fourneau économique et une assez vaste chaudière de cuivre étamé, ayant peu de profondeur. Jamais on ne pourra se procurer le sucre des colonies à un aussi bas prix que celui de raisin, sur-tout dans les années abondantes; et si le sirop de pomme, qui remplace complétement le sucre, est de toutes les matières sucrées la plus économique, le procédé finira par devenir populaire dans toute l'Europe, et il le deviendra pour quiconque aura consenti à le pratiquer. Enfin, dans un espace de quinze jours, cent personnes ont été à portée de juger ces résultats, et pas une seule n'a hésité sur cette identité de la matière sucrée de la pomme avec le sucre.

D'après les diverses appropriations du moût de pomme à l'économie du ménage, on est en droit d'établir qu'il n'existe pas de matière sucrée mieux faite pour être substituée au sucre, et l'excessive cherté de cette denrée devient la circonstance la plus favorable à l'introduction d'un procédé qu'on aurait regardé, il y a quelques années, avec une sorte de dédain, et auquel on eût prodigué le sarcasme. Mais tout a son moment, et c'est bien aujourd'hui celui du triomphe de la matière sucrée de la pomme; triomphe que n'aura point obtenu la raison, mais bien l'impérieuse nécessité.

Je regarde donc comme heureuse l'idée qui m'a fait abandonner la route anciennement battue sur les pommées, restreintes à si peu d'usages dans l'Allemagne et la Normandie, pour faire sur le suc de pomme de nouvelles tentatives dont j'étais bien éloigné d'attendre des résultats aussi intéressans pour l'économie privée ainsi que pour l'économie publique. Ce qui justifie cette pensée si philosophique de *Montaigne*, que j'ai prise pour épigraphe : *Combien de choses que nous voyons et que nous n'apercevons pas!* Cet adage devrait être celui de tous ceux qui se livrent à l'étude des sciences naturelles ; car que de choses n'ont pas été aperçues dans le cercle immense des choses qui de tout tems ont été vues ! mais la soif de ce qu'on appelle découverte, jette le savant hors de ce cercle, qu'il parcourt journellement, et sur les points duquel il dédaigne de s'arrêter, parce qu'on est tombé d'accord qu'on ne donnerait pas le nom de découverte aux objets, quelle qu'en soit l'utilité, sur lesquels le génie n'aurait pas pris l'initiative. C'est ainsi que le sentiment de la gloire l'emporte sur celui du bien public.

RÉSUMÉ.

La base nourricière pour l'homme et les animaux, c'est le *muqueux*, cette substance qui fait mucilage, telle la viande qui fait colle, tels les farineux.

Le muqueux est ou fade et insipide, ou doux et sucré.

Le muqueux sucré est ou n'est pas cristallisable.

Tous deux sont constamment réunis; mais il y a des substances, la canne, l'érable, le raisin, qui contiennent le muqueux sucré cristallisable en assez grande quantité pour l'extraire sous cette forme.

La matière sucrée cristallisable diffère, non-seulement selon la substance dont on l'extrait, mais encore, extraite d'une même substance, elle diffère d'après les circonstances du sol, du climat, de la position.

Aussi ces divers sucres ne sucrent-ils

pas également, et faut-il une, deux, trois et même quatre parties de tels ou tels sucres pour sucrer autant qu'une partie de sucre de canne.

Pour un petit nombre de substances dont on obtient la matière sucrée cristallisable, combien d'autres la contiennent incristallisable! Les fruits à noyaux, prunes, abricots, pêches, etc; le melon, le miel même, tous si éminemment sucrés, sont dans ce cas.

Il en est ainsi des graminées, le blé, l'orge, le riz, etc., dont la germination développe une matière sucrée très-abondante, mais incristallisable.

La matière sucrée, cristallisable ou non, subit la fermentation spiritueuse. Le cidre, le poirée, la bière, l'hydromel, etc., sont des vins enivrans et dont on obtient de l'eau-de-vie, du vinaigre.

Maintenant qu'est la matière sucrée (1)?

---

(1) On l'ignore. Une chaux de plomb, dissoute dans un acide, dans de l'huile, attache une saveur sucrée.

Qu'est-ce qui en constitue les différences ? On l'ignore. Toute matière sucrée fournit à l'analyse les mêmes principes ; mais l'analyse, sur-tout celle des substances végétales et animales, est une décomposition, et la matière sucrée doit sa propriété sucrante à son état actuel de composition, à un mode de combinaison des divers principes qui la constituent (2), combinaison qu'un rien désorganise, et alors elle cesse d'être matière sucrée ; de douce elle devient amère, etc.

Comment expliquer ce phénomène assez ordinaire du miellat qui, après une de ces nuits chaudes, si favorables à la végétation, transude, aux premiers rayons du jour, des feuilles de certains arbres et les inonde de cette matière

---

(2) On vendangeait à Franconville. Je crus pouvoir différer et beaucoup gagner. Mon moût pesait alors huit degrés ; huit jours après, où je fis vendange, ce moût n'en pesait plus que sept, et je perdis pour avoir attendu.

surcée dont la consistance est celle d'un véritable sirop (3)?

Ainsi donc, bornons-nous à reconnaître la matière sucrée où elle existe pour l'approprier à nos besoins ; réunissons toutes les circonstances qui favoriseront son développement et de ce nombre sont le tems, la chaleur qui ajoutent à son perfectionnement et à la quantité que nous en obtiendrons; que les procédés pour l'extraire soient simples ; ne cherchons point à lui faire prendre une forme cristallisable. Elle pourra perdre beaucoup de sa propriété sucrante en passant à ce premier état.

---

(3) J'ai vu, il y a plusieurs années, à ma campagne, une double rangée de tilleuls, dont celle exposée au levant était toute couverte de ce miellat. Il y en avait peu au côté opposé. Au lever de l'aurore, les mouches à miel de vingt-un paniers qui composaient mon rucher, se transportèrent sur ces tilleuls et y firent la plus abondante picorée. Telle est la consistance sirupeuse du miellat que, si une rosée abondante ou une pluie douce ne vient pas laver les feuilles, elles se tachent et se rouissent dans la matinée. Le miellat desséché par le soleil, n'est plus une matière sucrée ; quelques instans l'ont produite, et quelques instans la détruisent.

Ces observations sont sur-tout applicables à la matière sucrée de la pomme dont, depuis mille ans, on n'a obtenu, dans l'Allemagne, la Normandie, etc., que de mauvaises pommées. De même que, sans l'addition de poire, on n'obtient que du mauvais raisiné du suc de raisin, même désacidifié, par la manière brusque d'évaporer ces sucs doux et sucrés; une chaleur modérée peut seule conserver leur propriété sucrante que détruit cette chaleur vive et continue; car *la manière de le faire, fait tout*. Ainsi donc, le procédé, qui fait l'objet de cette dissertation, est la plus utile application de la science à l'économie domestique, en même tems qu'elle sert l'économie politique qui voulait une matière sucrée indigène.

www.ingramcontent.com/pod-product-compliance
Ingram Content Group UK Ltd.
Pitfield, Milton Keynes, MK11 3LW, UK
UKHW021615260726
13994UKWH00003B/1021